_____ 님께 드립니다.

뭉치야
무슨 생각해?

INU NO KIMOCHI GA WAKARU 34 NO TAISETSU NA KOTO

ⓒ KENTA MIURA / YOUKO YOKO 2014

Originally published in Japan in 2014 by Ascom Inc. TOKYO,

Korean translation rights arranged with Ascom Inc. TOKYO,

through TOHAN CORPORATION, TOKYO, and Korea Copyright Center Inc., SEOUL.

뭉치야 무슨 생각해?

미우라 켄타 지음 | 요코 요코 그림 | 구로사키 나오미 원작 협력
태주호(서울대학교 수의과대학 연구 교수) 감역 | 이형석 번역

BM 주식회사 성안당
도서출판

당신은 반려견의 기분을 알 수 있습니까?

각각의 사진을 보고
반려견이 어떤 기분인지 알아맞혀 보세요.

해답은
다음 페이지에

사람에게는 들리지 않지만 강아지에게 신경 쓰이는 소리가 날 때, '무슨 소리지?' 하고 알려고 합니다.

강아지가 어미 개에게 젖을 달라고 할 때 하는 행위로, 자신에게 관심을 가져달라는 뜻입니다.

동물의 약점이라고 할 수 있는 배를 보여준다는 것은 상대를 신뢰하고 안심하고 있다는 뜻입니다.

강아지가 스트레스를 받았을 때 짓는 표정입니다. 욕구불만을 표현하는 신호라고 생각해 주세요.

강아지들끼리 '싸울 의사는 없다. 그냥 놀자!'라고 청할 때의 모습입니다. 혹은 보호자에게도 놀자고 하는 모습입니다.

어미 개에게 부리는 어리광이며 동시에 상위자에게 복종을 표현하는 인사입니다. 보호자에게 어리광을 부리면서 리더에 대한 존경을 표현하고 있습니다.

이갈이를 할 때 가려움을 억누르는 것, 강아지들끼리 하는 물기 놀이의 연장, 스트레스를 받았을 때, 이렇게 세 가지 상황으로 볼 수 있습니다.

뛰어난 후각을 통해 처음 대면한 상대 강아지의 엉덩이 냄새를 맡음으로써 상대가 어떤 강아지인지 정보를 수집합니다.

강아지는 위기로부터 자신을 지키기 위해 무리생활을 하며 동료들끼리 의지해 온 동물입니다. 보호자를 신뢰하고 안심하고 있다는 증거입니다.

머리말

당신은 반려견의 기분을 얼마나 이해하고 있나요?

강아지는 항상 사람에게 전달하고 싶은 메시지를 갖고 있습니다. 계속해서 '컹컹' 하고 짖는다거나, 몇 번이나 말해도 듣지 않을 때, 산책 중 문제가 되는 행동만 일으킬 때 등 항상 당신에게 무언가의 메시지를 전달하고 있습니다. 그렇지만 대부분의 보호자들은 그 메시지를 눈치채지 못하죠.

'미우라 씨는 어떻게 그렇게 강아지의 기분을 잘 이해하시나요?'라는 질문을 자주 받곤 합니다. 보호자가 아무리 말해도 말을 듣지 않던 반려견들이 저를 만나면 5분 만에 잘 따르는 경우가 자주 있습니다.

그렇다면 어떻게 해야 반려견의 마음을 잘 이해할 수 있을까요? 여기에는 꼭 알아야 할 두 가지 필수 포인트가 있습니다. 첫 번째는 길들이겠다는 생각을 아예 버릴 것, 두 번째는 반려견을 잘 관찰하는 것입니다.

개도 사람처럼 다양한 성격을 갖고 있습니다. 당신의 반려견이 어떤 성격인지 파악하고 애정을 쏟으며 접근해 보세요. 분명히 지금까지는 몰랐던 반려견의 마음을 이해할 수 있게 될 것입니다.

미우라 켄타

감역자 서문

반려동물의 사회적 인식과 관심이 그 어느 때보다도 높아지고 있는 가운데, 최근에는 우리나라 4~5가구 중의 1가구가 개와 고양이를 중심으로 반려동물을 가족의 일원으로 키우고 있다. 이는 10년 전의 양육 인구수와 비교하면 약 90% 정도로 폭발적인 증가를 한 것이다. 펫(pet)과 패밀리(family)의 새로운 합성어인 '펫팸'이라는 신조어도 등장하면서 이른바 '반려동물 양육 인구 1,000만 명 시대'에 살게 되었다. 반려동물 연관 산업 및 서비스 분야도 앞으로 7년 후면 6조 원의 국내 시장 규모로 급증할 것이라고 하는 '펫코노미', 즉, 펫 분야의 경제 전망이 예측되고 있다. 이러한 배경에는 사회적으로 1인 가구의 증가, 저출산, 고령화 등의 피치 못할 변화 트렌드도 한몫하고 있지만, 삭막하다고 느껴지는 도시화 속에서 반려동물이 우리에게 정서적, 신체적으로 가져다주는 여러 가지 긍정적인 영향들, 그리고 선진 복지사회를 지향한 국민의 꾸준한 바람과 정책의 뒷받침이 잘 어우러져 만들어진 진취적인 결과라 믿는다.

앞서 반려동물이 가족의 일원이라고 언급했듯이 반려동물도 감정이 묻어 있는 표현과 정신적인 생각으로 판단하면서 보호자인 사람과 상호 교감하고 반응한다. 그들도 보다 더 행복하게 상생하는 유대 관계를 - 비록 반려동물의 차원일 경우도 종종 있지만 - 이루려는 가족의 구성원이자, 친구이자, 활력 있는 삶의 일원이려고 싶어 하고 애쓴다. 이러한 관계를 전문적으로는 '사람과 동물의 유대 관계(Human-Animal Bond)'라고 정의하는데, 본 감역자는 여기에 '환경'이란 요소를 더하여 '사람-동물-환경의 유대 관계(Human-Animal-Environment Bond)'로 보다 새롭고 넓게 정의하고 싶다. 사람과 동물은 주변의 상황과 환경에 영향을 받는데, 사람, 동물 그리고 환경을 하나로 보는 원헬스(One Health)라는 보다 통합적이고 융합된 개념이 요즘 많이 주목받고 있다.

우리가 무엇보다도 사람-동물-환경의 유대 관계를 올바르게 잘 유지하기 위해서는 사람과 환경의 중간에 있는 다이내믹한 동물 친구들(companion animals), 즉 반려동물의 생각이나 행동을 먼저 잘 알고 소통해야 할 것이다. 자기의 마음이나 생각을 말이나 글로 알려줄 수 없는 반려동물은 보디랭귀지(body language), 즉 카밍 시그널(calming signal) 등과 같은 행동으로 진짜 속마음이 표현되는데, 여기에 다시 그 동물이 처한 상황, 그 속에 있는 보호자, 사람의 그 모든 변화 요소들이 복잡하게 얽혀 있어서 이를 글로써 독자들에게 설명하는 것은 정말 힘든 작업임에 틀림없다. 따라서 글보다는 그림이 많은 만화가 여러 계층의 반려동물 가족들에게 보다 알기 쉽고 정확하게, 더구나 재미있게 이해시킬 수 있다고 믿는다. 마침 예전에 ㈜성안당에서 전문 서적을 만화로 설명한 일본 번역서를 접한 적도 있고 해서, 약 9개월여 전부터 일본계 회사 경력과 일본어에 친숙한 이형석 부장(번역자)과 함께 이러한 관련 일본책 몇 권을 골라 검토하였는데 그 중 하나가 바로 본 번역서의 원제목《개의 기분을 이해하는 34가지 중요 사항(犬のきもちがわかる34の大切なこと)》이다. 지은이 미우라 켄타, 그림 요코 요코, 그리고 원작 협력자인 구로사키 나오미의 탁월성에 감탄하였고 한 번 보면 쏙 빠지게 만드는 재미와 교육적인 전달력에 매료되었다. 바로 내가 찾던 책이라 생각했고 국내 출판을 결심했다. 일본 출판사에 열심히 접촉하여 긍정적인 답변을 받아냈고, KCC의 중재에 이어 출판사인 ㈜성안당 이종춘 회장님의 이해와 배려로 출판 작업이 진행되면서 출판사 직원분들의 도움과 노력 덕분에 이렇게 다행스럽게 출판의 서문을 쓰게 됨을 매우 기쁘게 생각한다.

열심히 교정과 교열을 맡아준 서울대학교 수의과대학 김희원, 김정준 본과생에게도 고마움을 전하며 부분적으로 지원을 받은 한국연구재단 관련 연구과제와 ㈜헬스케어뱅크에도 감사의 마음을 전한다.

2020년 4월 감역자 태주호

목차

Chapter 1 처음 반려견을 가족으로 맞을 때 중요한 것

Chapter 2 반려견을 올바르게 성장시키기 위해 중요한 것

Chapter
1

처음 반려견을
가족으로 맞을 때
중요한 것

인생의 파트너가 되기 위해

중요사항 ❶

어떤 견종을 입양할지 사전에 검토한다

미우라 켄타 입니다.

개의 종류는 약 150종으로 크기도 습성도 제각각입니다.

우선은 견종도감을 통해 잘 알아보는 것이 중요합니다.

또 강아지를 잘 아는 사람이나 키우고 있는 사람의 이야기를 들어보는 것도 좋겠죠.

견종에 따라 운동능력이 다를 수 있지만, 소형견이라고 해서 얌전하다거나 대형견이라고 해서 다 거친 것은 아니고 강아지마다 성격이 다릅니다.

어디에서 기를지, 산책은 얼마나 소요되는지 등을 검토하고 결정하세요.

'기르고 싶은 강아지'와 '기를 수 있는 강아지'는 다릅니다.

먼저 입양 전에 강아지를 잘 관찰합니다.

이런 강아지는 비교적 거친 성격일 가능성이 높습니다.

귀는 잘 들리는지?

얼굴을 들고 잘 쳐다보는지?

이 강아지는 병에 걸렸을 가능성이 있습니다.

항문 주위가 지저분한 강아지는 설사를 하는 등 장이 약하고 병이 든 경우가 많습니다.

빙글빙글 도는 행동은 스트레스가 있거나 정신적 장애를 가졌을 가능성도 있고요.

탈모인 경우 피부병이나 호르몬 이상을 의심해 보는 것이 좋습니다.

다른 장소에 소변을 보는 경우에 혼내지 말고

마지막 한 방울 이라도 배변 패드 위에 보게 하고

끝나면 칭찬해 주세요.

잘했어

가장 자주 쓰는 패드는 남겨두고 똑같은 일을 반복합니다.

어제

오늘

소변을 보는 장소가 80% 정도 정해지면 30cm~50cm씩 원하는 장소로 이동 시켜 봅니다.

이 방법의 최대 장점

화장실을 장소가 아니고 '패드' 위라고 가르쳐 주기 때문에 여행지 숙소나, 이사한 경우에도 강아지가 당황하지 않습니다. 외출할 때 흙이나 풀이 없는 경우에도 패드 1장만 있으면 화장실 때문에 곤란해질 일은 없습니다. 가장 큰 장점은 강아지가 소변을 보면 칭찬을 받는다고 생각하기 때문에 사람의 눈에 띄는 곳에 배변·배뇨를 하게 되어 수월하게 처리할 수 있습니다. 배변과 배뇨가 나쁘고 혼나는 행동이라고 생각하면 배변을 숨어서 보게 되고, 가끔 배변을 너무 참아서 방광염 등에 걸리기도 합니다.

중요사항 ❸
방을 정리한다

강아지는
호기심
덩어리입니다.

저건
뭐야?

어,
이건
뭐지?

우와~
뭐지?

중요한 물건이나
강아지가 입에 넣으면
위험한 물건은
발, 입에 닿지 않도록
높은 곳에 옮겨
둬야 합니다.

관엽식물 중에는
강아지가 먹으면
안 되는 독풀도
많고, 물에 녹지
않는 휴지도
위험합니다.

25

반려견의 체질과 운동량에 비해 영양가가 너무 높은 사료를 주면 비만을 유발시켜 여러 가지 질병의 원인이 됩니다.

칼로리나 유지방 성분이 너무 많은 사료를 주면 강아지의 귀 안쪽이 지저분해지고 하복부에 습진이 생길 수 있습니다. 반면 영양가가 너무 낮은 경우에는 털에 윤기가 없고 비듬이 많아질 수 있기 때문에 강아지의 신체를 잘 관찰하는 것이 중요합니다.

사람에게 맛있다고 생각되는 음식은 정작 강아지에게 당분이나 염분이 너무 많아서 건강을 해칩니다. 사람 입맛에 맞는 양념을 한 음식은 강아지에게 주지 마세요.

사료를 바꾸는 요령

아무리 평판이 좋은 사료라도 반려견의 체질에 따라 맞지 않는 경우도 있습니다. 변이나 체중, 활력, 털의 상태를 잘 판단하여 체질에 맞는 사료를 선택하는 것이 중요합니다.
그런데 강아지의 소화기관은 평소 먹는 것에 적응하는 경향이 있어 갑자기 사료를 바꾸면 복통이 나기도 합니다. 처음에는 원래 먹던 사료 9에 새로운 사료 1을 배합하고, 다음날은 8:2, 그 다음 날은 7:3, 이렇게 약 1~2주에 걸쳐 순차적으로 바꾸어 갑니다.

새 사료   원래 사료

1   :   9

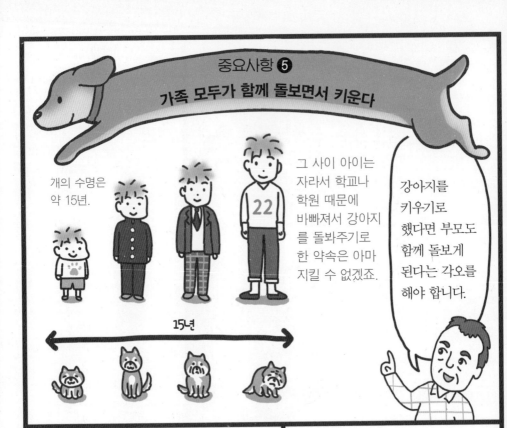

중요사항 ❺

가족 모두가 함께 돌보면서 키운다

개의 수명은 약 15년.

그 사이 아이는 자라서 학교나 학원 때문에 바빠져서 강아지를 돌봐주기로 한 약속은 아마 지킬 수 없겠죠.

강아지를 키우기로 했다면 부모도 함께 돌보게 된다는 각오를 해야 합니다.

15년

대형견의 경우, 위험하다고 해서 부모만 돌보면 안 됩니다.

안 돼!

강아지와 아이가 서로 경쟁하면서 부모의 애정을 바라기 때문에 사이가 나빠질 수 있습니다.

강아지는 '군집 혹은 사회적 동물'이므로 자신의 집에 사는 모든 이를 동료로 여깁니다. 가족회의를 통해 강아지를 칭찬하거나 꾸짖을 때의 규칙을 정하고 모두가 동일하게 행동하는 것이 중요합니다. '앉아' 등의 언어도 동일한 어투로 해야 한다는 것을 명심하세요. 사람마다 태도가 다르면 강아지는 '안심이 되는 무리나 사회' 안에 있지 않다고 여기는 불안감 때문에 스트레스를 받습니다. 화장실이 아닌 곳에서 자주 소변을 본다든지 짖는 등의 문제행동을 일으킬 수도 있습니다.

중요사항 **❻**

강아지가 밤에 우는 이유를 헤아린다

어미개와 함께 있던 장소로부터 떨어진 새로운 장소는 강아지에게 불안하기만 합니다.

이 녀석! 시끄러워!

외롭고 무서워서 우는 것 입니다. 그래서 심하게 혼내면

불안한 기분이 점점 강해질 뿐더러 더 무서워하게 됩니다.

무서워! 내보내줘!

여기는 싫어!

중요사항 ⑦
처음에 가르쳐야 할 것들

옳지
옳지

강아지를 키우기 시작한 보호자가 제일 처음 해야 할 일은

현재의 장소가 안심하고 살 수 있는 곳이라고 인식하게 하는 것입니다.

잘했어.

당분간 혼내거나 심한 훈련을 삼가고 한결같이 다정하게 대해주세요.

그 집이 안주할 수 있는 곳이고 함께 사는 사람들이 다정하디고 가르치는 것이 중요해요!

짖거나 무는 습관은 대부분 '공격성' 때문이 아니라 '공포심' 때문입니다.

혼내기만 하면 '사람은 무섭다'고 인식해버립니다. 불러도 오지 않거나 가족 이외의 사람에게 경계심을 갖고 짖거나 무는 행위가 늘어나게 됩니다. 강아지에게 '사람은 다정하다'고 인식시키는 것이 중요합니다.

Chapter 2

반려견을 올바르게
성장시키기 위해
중요한 것

강아지 교육은
자녀를 교육하는 것과 같다

강아지가 마운팅을 하게 내버려 두면 강아지는 자신이 보호자보다 상위라고 인식합니다.

강아지는 하위가 말하는 것을 들을 필요가 없기 때문에 점차 말을 듣지 않게 되고

생각대로 안 되면 짖거나 물어버립니다.

이렇게 반려견이 상위가 되어버리면 하위가 된 '사람'을 지켜야 하기 때문에 자신이나 가족을 지키기 위해 다른 사람이나 초인종에 반응하고 심하게 짖게 됩니다.

저 사람들은 도움이 안 돼 컹!

리더의 소질은 반려견을 지킬 수 있는 힘과 풍부한 애정을 가진 다정함입니다!

반려견이 가족 중에서 자신의 서열을 확인하기 위해 하는 행동

- 마운팅을 해서 보호자의 반응을 살핍니다. 위에 올라가 마운팅하는 쪽이 상위, 당하는 쪽이 하위입니다.
- 늘 먹던 것을 먹지 않고 다른 음식을 줄 때까지 기다립니다. 결국 다른 음식을 주는 사람이 자신보다 하위라고 판단합니다.
- 보호자를 꽉 물어본 후 꾸짖거나 화를 내지 않으면 자신이 상위에 있다고 생각하게 됩니다.
- 산책을 가지 않겠다고 버티거나, 산책 방향을 맘대로 결정하는 등의 행동을 통해 서열을 확인하려 합니다.
- 자신이 좋은 위치나 장소를 차지한 뒤 보호자가 다른 곳으로 이동시키려고 할 경우에는 화를 내봅니다. 그런 후 자신의 생각대로 그 곳을 차지하게 된다면 자신이 보호자보다 상위라고 판단합니다.

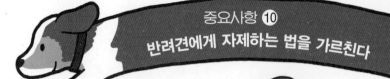

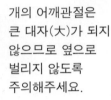

개의 어깨관절은
큰 대자(大)가 되지
않으므로 옆으로
벌리지 않도록
주의해주세요.

다른 사람에게
발을 잡아달라고
해도 됩니다.

1 강아지를 자신의 무릎 위에 하늘을 본 상태로 눕히고,
양쪽 앞발 겨드랑이를 잡아 못 움직이게 합니다.

안 돼!
움직이지마.

두 발을
뻗어 발로
반려견을
누릅니다.

쿠로는
참 착하네!

2 강아지가 발버둥 치거나 물려고 할
때, 또는 반대로 낑낑거리며 울기
시작할 때는 도망가지 못하게 하고
'안 돼'라고 확실히 꾸짖습니다.

3 발버둥을 멈추면 반려견의 이름을 부르
며 상냥하게 칭찬해주는 것도 중요합니
다. 어린아이를 달래어 재우듯이 칭찬하
는 것이 이상적입니다.

4 강아지가 움직이는 것을 멈추면 손톱이나 하복부, 귓속이나 이빨 등을 가볍게 만집니다.

움직이지 마!

5 싫어하거나 버둥거리면 전과 같이 도망가지 못하게 하고 '안 돼'라고 확실히 혼냅니다.

착하지!

6 어디를 만져도 버둥거리지 않고 얌전히 있으면 다정하게 달래며 재우듯이 칭찬해줍니다.

7 움직이는 것을 완전히 멈추고 눈을 게슴츠레 뜨고 자는 듯한 모습을 보이면 풀어줍니다.

이 방법은 자신이 거부해도 보호자를 이길 수 없을 정도로 강하다는 것과 동시에 보호자가 친절한 사람이라는 것을 전달하는 효과가 있습니다.
강한 보호자라고 인식시키는 것은 자신을 지켜줄 수 있는 사람이라고 인식하게 하여 반려견이 경계심을 갖지 않고 안심하며 살게 하려는 것입니다. 반려견이 어릴 때 이런 식으로 시간을 들여 확실하게 가르치면 나중에 물릴 수도 있다는 걱정은 하지 않아도 될 것입니다.

Chapter
3

반려견을 질병으로부터 지키기 위해 중요한 것

병에 걸려 후회하기 전에

중요사항 ⑪
감염병으로부터 지킨다

광견병

광견병은 매우 위험한 감염병이며, 사람도 물려 걸릴 수 있는 인수공통감염병입니다. 광견병 예방접종은 법으로 정해져 있어서 반드시 실시해야 합니다.

감염병 예방

디스템퍼, 간염, 파보바이러스, 파라인플루엔자 바이러스 등의 감염병이 있는데, 예방접종이 의무사항은 아니지만 디스템퍼 같은 경우는 만약 병에 걸려 증상이 나타나면 48시간만에 죽거나 낫는다 해도 신경계통의 장애가 일어날 수도 있습니다. 보통 4종(위의 경우는 DHPP) 혹은 렙토스피라 감염병을 더해 5종(DHPPL)의 혼합 백신을 주사해서 예방합니다.

사상충을 예방한다

사상충

모기는 시골뿐만 아니라 도시에도 많죠. 사상충은 강아지의 심장에 기생하는 실 모양의 기생충입니다. 사상충을 가진 모기가 강아지를 물면 이 사상충이 혈관 속에 침입한 후 성장과 이동을 하면서 마지막에는 강아지의 심장에 기생하게 됩니다.

이 기생충이 죽으면 둥근 공 모양으로 변해 혈관을 막기 때문에 위급 상황을 일으킵니다. 그렇게 되면 약물로 치료하려고 해도 치료 경로인 혈관이 막혀 있어서 치료가 되지 않고 더 위험한 상황이 되어버립니다. 일단 사상충이 기생하게 되면 사상충의 수명인 6년 동안은 마치 강아지의 몸에 시한폭탄이 심어져 있는 것과 같습니다.

예방약으로 거의 100% 예방 가능

보통 모기가 나타나기 한 달 전부터 모기의 흡혈이 끝나는 한 달 후까지 매월 1회 예방약을 먹이는 방법이 일반적이지만 그 외에도 다양한 방법이 있습니다. 약의 양이나 기간, 가격은 사는 지역이나 강아지의 체중에 따라 다르므로 가까운 병원의 수의사에게 상담하세요.

츄어블 타입

바르는 타입

정제 타입

주사 타입

중요사항 ⑬
영양 관리와 사육 관리의 중요성

강아지의
성장과정에서
건강한 뼈와 관절을
만들기 위해서는
칼슘이 꼭
필요합니다.

대부분의 강아지
사료에는 칼슘이
포함되어 있지만,

칼슘
흡수 중

섭취만으로는 체내에
흡수가 되지 않기
때문에 영양분으로
흡수 및 활용되기
위해서는 태양광선이
꼭 필요합니다.

실내에만 갇혀 태양광선을 쬐지 못하면 뼈와 관절이 성장 장애를 일으켜

관절의 형성 부전이나 척추병의 일종인 구루병이 걸리기도 합니다.

칼슘을 영양분으로 섭취하기 위해서는 태양광이 필수!

척추가 아파서 오는 장애는 치료법이 거의 없고 굉장한 통증을 동반하기 때문에 강아지에게는 심하게 고통스럽습니다.

칼슘이 부족할 때

뼈의 발달장애뿐만 아니라 관절 발달장애도 일으킵니다.
또한 관절 장애가 일어나면 극도로 O자 다리가 되거나 X자 다리가 되어 달리기가 어려우며, 운동이 불가능하므로 다른 장애를 동반하기도 합니다. 다만 과잉 섭취하지 않도록 주의합니다.

X자 다리

O자 다리

마론

미안해.

헉
헉

사상충 약으로 제때
잘 예방해 주었어야
했는데….
내가 너무 돈을
아끼는 바람에….

마론~

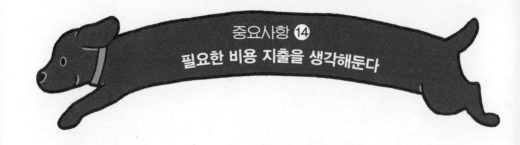

중요사항 ⑭
필요한 비용 지출을 생각해둔다

강아지의 질병을 예방하려면 어느 정도 돈이 든다.

감염병 예방 백신이나 사상충 예방약, 질병의 조기 발견을 위해 정기 건강검진 등의 비용을 미리 고려하여 준비해둘 필요가 있습니다.

또한 갑작스런 질환이나 상처 등도 생각해둬야 합니다.

건강 검진

백신

예방약

방치하다가 나중에 큰 병이 되면 치료 비용이 상당할 수도 있습니다.
디스템퍼(Distemper) 등은 발병하면 치료를 해도 회복하지 못하거나 생명이 위험해질 수도 있으므로 비용을 염두에 둬야 합니다.

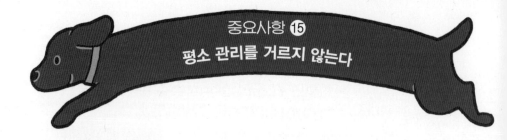

매일 산책하기

소형견이나 대형견, 혹은 견종에 상관없이 강아지의 건강을 유지하기 위해 매일 산책을 시켜줘야 합니다.

적절한 운동뿐만 아니라 칼슘을 체내에 흡수시키기 위해 태양광을 쬐고 강아지에게 주위의 냄새를 맡게 하여 스트레스를 완화하도록 합니다.

브러싱

브러싱을 매일 하면 털 정리 뿐만 아니라 신진대사를 활발하게 하고 신체에 붙은 벼룩이나 진드기를 조기 발견할 수 있습니다. 벼룩이나 진드기가 감염병을 매개하는 경우도 있습니다.

최근 화제가 된 SFTS(Severe Fever with Thrombocytopenia Syndrome, 중증 열성 혈소판 감소 증후군)는 진드기가 원인입니다.

이빨 닦기

이에 붙은 갈색 치석을 방치하면 치주병
에 걸리기도 하므로 이 닦기도 중요합니
다. 칫솔로 닦는 방법과 손가락에 거즈
등을 감아 이의 오염을 제거하는 방법이
있습니다.

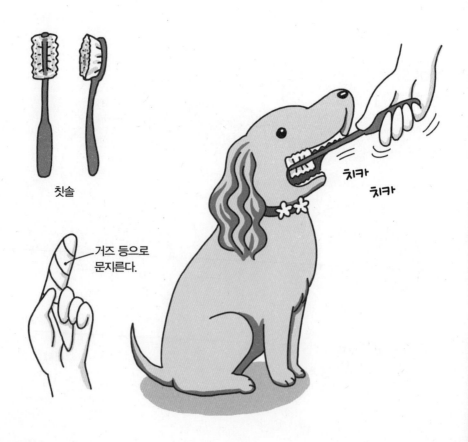

칫솔

거즈 등으로
문지른다.

치카

치카

발톱 깎기

발톱이 길면 어딘가에 걸려서 발톱이 빠
질 수 있으므로 정기적으로 발톱을 깎아
줘야 합니다.

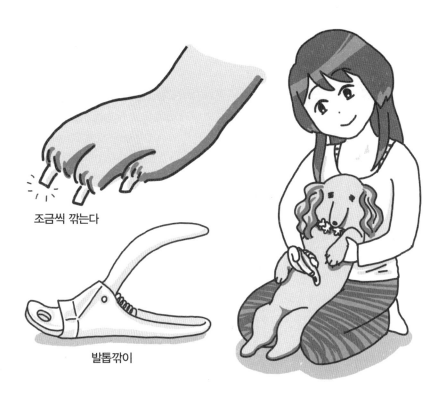

조금씩 깎는다

발톱깎이

샴푸

세제가 신체에 남아 있으면 가려움과 비듬의 원인이 되므로 잘 헹궈줍니다.

겨울철에는 수건으로 표면을 닦는 것뿐만 아니라 털 아래 피부 가까운 부분을 드라이어 등으로 잘 말려주어야 털이 얼거나 감기에 걸리지 않습니다.

여름철에는 물기를 방치해 두면 털에 붙은 수분이 렌즈 역할을 하여 피부에 화상 등의 증상을 일으키기도 합니다. 여름철에도 씻은 후 반드시 드라이어로 잘 말려줍시다.

**샴푸 등은
강아지 전용 제품을
사용합니다!**

Chapter 4

반려견의 문제행동을 고칠 때 중요한 것 ①

문제의 원인은 보호자에게 있다

이쪽이야!

강아지의 관심이
그쪽으로 확
쏠려버립니다.

쩝
쩝

꿍

또 간식을 이용해
여러 가지를
가르치다 보면

산책?

나가기 싫어

사료 이외에
간식을 잔뜩 먹게
되어 비만이 되고
여러 가지 질병의
원인이 됩니다.

멍멍

짖으면

간식을
얻는다!

히힛

모든 것을 간식으로 가르칠 수 없다!

먹을 것에 흥미를 가진 강아지
는 '앉아' 등의 명령을 가르칠
때 빨리 터득할 수도 있겠지만,
먹을 것에 흥미가 없는 강아지
라면 어떤 문제행동을 그만두도
록 하기 위해서 '간식으로 보상'
하는 방법은 어렵습니다.

중요사항 ⑱
간식을 남용하다가 실패했을 때의 개선 방법을 알아둔다

앉아!

뭔가를
훈련시 때는

착

초코,
착하지.

먼저 이름을 부르고
강아지를 만지면서
웃는 얼굴로
칭찬해 줍니다.

천천히
쓰다듬는다

Chapter
5

반려견의 문제행동을
고칠 때 중요한 것 ②

보호자의 끈기가 반려견을 바로잡는다

이 견종은
맹인안내견으로
활약할 정도로
똑똑하다면서요?

귀여워~

대형견은 성장하면
힘이 세져서
무시당하지 않도록
확실히 훈련시켜야 해요.

엄격한 훈련을
통과해야
맹인안내견이
될 수 있어요.

보호자에게 신뢰받고 있어!

강아지가 안심할 수 있습니다.

강아지는 감수성이 매우 풍부해 사람의 기분을 순식간에 알아차립니다.

무엇이 좋은지 나쁜지 알지 못하는데 무작정 혼낸다면 무서워할 뿐입니다.

왜?!

혼내기 전에 한 가지씩 가르쳐 주려는 마음이 중요!

다정한 보호자다 멍♥

반려견은 보호자를 보고 자란다!

강아지를 난폭하게 키우면 난폭해지고, 다정하게 키우면 다정해집니다.

다정한 강아지가 되기를 원한다면 먼저 보호자가 반려견에게 다정하게 대해주어야 합니다.

보호자의 발밑이 언제나 칭찬받는 쾌적한 장소라고 생각하게 할 필요가 있습니다.

착하네.

강아지가 밖에서 활발한 것은 건강하다는 증거!
여유를 가지면서 대하는 것이 중요합니다.

어린이들과 마찬가지로 강아지도 활발합니다. 아이가 활발하게 뛰지 않으면 부모는 걱정하죠.
강아지는 기쁘니까 활발하게 뛰는 것입니다. 절대로 나쁜 것이 아니에요.

높은 톤의 목소리와
히스테릭한 목소리로
꾸짖는다든지 반은
웃어가면서 혼내는
것은 효과가 없습니다.

때리거나 뒤에서
꾸짖는 것도
효과가 없습니다!

안 되지~

버럭

실실

안 돼!

강아지가 보호자
쪽을 보지 않으려고
할 때는 아래턱부터
입을 잡고 강아지의
눈이 보호자를 보게
한 후 혼냅니다.

안 돼!

꾸욱

강아지가 싫어하면서 손을
뿌리치려 하면 다른 손으로
강아지의 목 뒤쪽을 잡고
뒤로 도망가지 못하게 한 후
혼냅니다.

꾸짖어서 장난을
그만두게 한 후에는
반드시 칭찬을
해줍니다.

한 번 더 잘못된 장난을
친 장소에 데려가서

잘못된
장난을 다시
하면 같은
방법으로
혼내고

안 돼!

장난을 그만두게
한 후 칭찬합니다.

잘했어.

잘했어.

몇 번을 반복한 후
강아지가 흥미를 잃고
장난을 치지 않으면
곧바로 칭찬해주는
것이 중요합니다!

또 초인종이
울렸을 때 짖어서
곤란할 때는

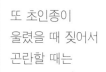

부탁해

OK~!

지인에게 3~5분
간격으로 초인종을
눌러달라고
협조를 구합니다.

반려견에게는
목줄을 채우고
준비합니다.

131

짖는 행동을 망설이는 기색을 보인다면?

훈련을 몇 번 반복하면서 짖는 소리가 망설이는 것처럼 들리거나 점잖게 짖는다면 짖는 행동을 자제하기 시작했다는 뜻입니다. 그때는 놓치지 말고 칭찬해줍니다.

개는 짖는 행동으로 무언가를 전달하고 있습니다. 왜 짖는지 이유를 생각하고 그 원인을 해결해주면 짖지 않습니다.

137

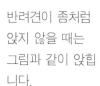

반려견이 좀처럼
앉지 않을 때는
그림과 같이 앉힙
니다.

앉아.

목줄을 위로
비스듬하게 잡고

엉덩이를
누른다.

잘했어,
찰리.

살랑
살랑

칭찬할 때는
이름을 불러주고,
털이 난 방향을
따라 다정하게
쓰다듬으면서
칭찬합니다.

**필요 이상으로
요란하게 칭찬하면
강아지가 안정하기
어려우며, 간식
등의 보상도
역효과입니다!**

**'앉아'가 완벽하게 되면 반려견을
위험으로부터 지킬 수 있다!**

개의 동작을 순간적으로 멈추는 것이 가
능하면 교통사고와 같은 위험을 피할 수
있습니다. 집에서 '앉아'가 가능하면 공원
등 장소를 바꿔가며 완벽하게 될 때까지
연습하는 것이 중요합니다.
그리고 '앉아'가 보호자에게 칭찬받을 수
있는 좋은 말이라는 것을 알게 되면 다른
동작도 점차 따르게 됩니다.

앉아.

척

잘했어, 찰리.

발 근처까지
끌려왔을 때
바로 칭찬해줍니다.

손뼉을 치거나
장난감과 간식으로
유혹하는 것은 단지
관심을 갖게 해
가까이 오도록 한
것일 뿐!
부르면 발 근처까지
오도록 가르칩니다!

찰리,
아주
잘했어!

반드시
칭찬해줍시다.

간식을 보고도
무시할 수 있다는
것은 보호자의
기분이나 의도를
이해하고 자제하기
시작했다는 신호!
많이 칭찬해주는
것이 중요합니다!

체벌을 많이 하는 훈련의 폐해

요즘은 '집을 지키는 개'라는 이미지보다 주변 누구에게나 '사랑받는 강아지'로 키우는 것을 이상적이라고 여기는 추세입니다.

강아지에게 지나치게 엄격한 훈련이나 체벌을 하면 사람을 경계하는 원인이 되고, 나중에는 공포심이 생겨 쓸데없이 사람을 보면 짖거나 때때로 물려고 할 수도 있습니다.

우선 처음에는 '사람은 무섭지 않다'라고 가르쳐야 합니다.

몸을 툭툭 치거나 물건을 던져서 가르치면 그 공포심 때문에 당장은 문제행동을 멈추게 할 수는 있지만, 보호자가 그 문제행동에 대해 좋지 않은 마음을 갖고 있다거나, 문제행동을 그만두면 보호자가 기뻐할 것이라는 생각을 하게끔 가르칠 수는 없습니다.

Chapter
6

반려견과
즐겁게 살기 위해
중요한 것

주는 애정 이상으로 표현해 주기

중요사항 ㉖
칭찬은 보호자가 반려견에게 '감사'의 마음을 전달하는 것이다

칭찬하는 방법은
강아지를
흥분시켜서
칭찬하는
방법과

안정시켜서
칭찬하는
두 가지 방법이
있습니다.

이와 같은 칭찬 방법은
강아지를 흥분시켜서
일을 시키려고 할 때나
스포츠 활동 시 격렬하게
놀 때 적합한 칭찬법입니다.

강아지를 안정시키고 싶을 때는
털이 난 방향으로 다정하게 쓰다
듬어 칭찬해줍니다.

155

중요사항 ㉗

강아지가 스스로 그만둘 정도로 끈기 있게 가르친다

리더

따른다

개는 '무리 속의
사회적 동물'이라서
리더를 원하고
리더를 따르는
성질이 있습니다.

강아지가
'무리의 리더'
로서 원하는
조건은
다음과
같습니다.

① 풍부한 애정을 가지고 있을 것

② 자신을 외부의 적으로부터
지켜줄 정도로 강할 것

③ 강한 끈기의 정신력을 가지고
있을 것

훈련할 때
끈기가 없이
금방 단념하는
보호자는

어?
이상하네.

어쩔 수 없지.
약간 어수룩한
것뿐이야.

오,
그래 그래

리더로서
신뢰할 수
없습니다.

자신의 무리
가운데 리더로서
적합한 사람이
없다고 생각하고

내가
리더가 될
수밖에 없어.

어쩔 수 없이
자신이 리더화
되는 것입니다.

강아지가
자기 자신을
리더라고 생각하면
산책 코스나
식사 시간을
스스로 결정하게
됩니다.

아니지.
그쪽은
공원이
아니잖아?

영차

영차

멍

또한 외부의
적으로부터
무리를 지키려는
성향 때문에
길을 가다 지나치는
다른 강아지나
사람을 위협하고
물리치려는 행동을
하게 됩니다.

탁

레오!

161

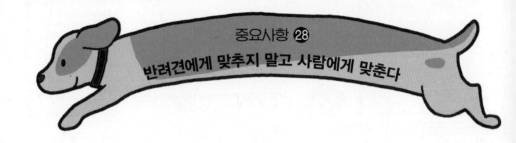

반려견에게 맞추지 말고 사람에게 맞춘다

반려견의 생활 리듬에 맞추려고 하면
사람의 생활에 무리가 옵니다.

우물
우물

산책 시간이나 횟수, 식사와 기상 시간 등은
모두 보호자의 생활 리듬에 맞추세요.
보호자는 반려견의 리더가 되어줘야 합니다.

기다릴게요
멍

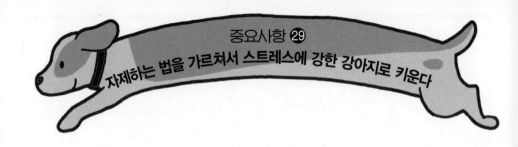

무리하게 스트레스를 주는 것은 좋지 않지만, 너무 스트레스 없이 자유롭거나 자제하지 않는 강아지로 키우면 사소한 것에도 스트레스를 느끼기 마련입니다.

어릴 때부터 조금씩 자제하도록 가벼운 스트레스를 주고 스트레스에 강한 정신력을 기르도록 해주세요.

스트레스에
지지 않아
멍!

강아지를 다정하게 키워야 하는 이유를 파악한다

강아지는 보호자 가족의 습성 또는 대하는 방법을 보면서 자라기 때문에 보호자가 난폭하면 강아지도 난폭해집니다.
반대로 보호자가 다정하면 반려견 역시 다정한 성격으로 자랄 수 있습니다.

중요사항 ㉛

반려견의 성격을 파악하는 관찰 능력을 기른다

반려견을 칭찬할 때나 만질 때는 여러 곳을 만져보고 잘 관찰하여 가장 기분 좋아하는 부위와 만지는 방법을 알아 두면 좋겠죠.

또한 반려견의 성격을 파악해두는 것도 중요합니다. 겁쟁이인 아이가 있는가 하면 담대한 아이가 있고, 조용한 것을 즐기는 아이가 있는가 하면 쾌활한 아이도 있습니다.

기분 좋아~

평소에 반려견을 잘 관찰해주세요.
잘 관찰하는 것만으로도 매일 바뀌는 정신 상태나
건강 상태를 알 수 있습니다.
피곤해 보일 때는 산책을 짧게 하는 등 반려견의 리
듬에 맞춰주는 것이 좋습니다.

많이 피곤한가?

오늘 산책은
짧게 해야
겠다.

Chapter
7

반려견과
쾌적하게 살기 위해
중요한 것

반려견과의 생활은
인생을 풍요롭게 한다

중요사항 32
차에 타고 내리는 법을 훈련시킨다

차 안에서는 흥분시키거나 호기심을
자극하지 않도록 합니다.
얌전히 있으면 칭찬해주세요.

집에 돌아오면
바로 집으로
들어가지 말고
차에서 내려
잠시 놀아줍니다.

차 안은 노는 곳이
아니므로 차를
멈추고 내려야만
즐겁게 놀 수 있다는
것을 가르치는 것이
중요합니다.

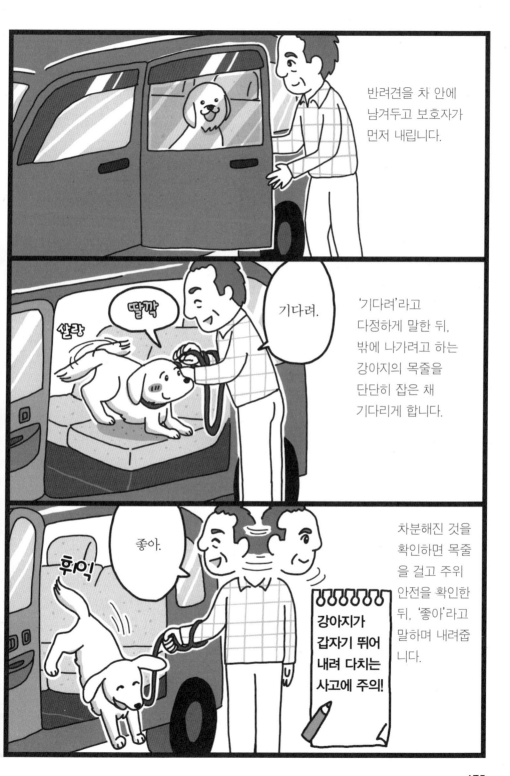

반려견을 차 안에
남겨두고 보호자가
먼저 내립니다.

'기다려'라고
다정하게 말한 뒤,
밖에 나가려고 하는
강아지의 목줄을
단단히 잡은 채
기다리게 합니다.

차분해진 것을
확인하면 목줄
을 걸고 주위
안전을 확인한
뒤, '좋아'라고
말하며 내려줍
니다.

중요사항 ③③

차멀미 치료법을 알아둔다

할짝

강아지는 멀미를 하면 차 유리와 사람의 손을 계속 핥거나 침을 흘립니다.

할짝

만약 강아지가 차멀미를 하면 바로 차를 정차하고 휴식을 취합니다.

휴우

차 안에 토했다면 당황하지 말고 강아지를 차에서 내리게 한 뒤 정리합니다.

차멀미를 낮게 하려면 멈춰
있는 차에 반려견을 태웁니다.
차에 있는 동안 쓸데없이
이름을 부르거나 놀아주지
않도록 합니다.

조용

몇 분이
지난 뒤
반려견을
차에서
내리게
하고 놀아
줍니다.

그 다음 다시 차에
태우고 5분 정도
달린 뒤 내리게 하고
다시 놀아줍니다.

5분

부릉

차를 타고 어딘가에 도착
하면 즐거운 일이 있다는
것을 알게 해주는 방법
입니다.
차 안에서는 얌전히 있고
또한 차멀미를 하지 않는
반려견으로 키울 수 있습니다.

그 다음은 '중요사항 32'와
같은 방법을 반복합니다.

강아지들끼리 가까이 접근 시키기 전에 서로 조금 떨어진 상태에서 상대 강아지의 나이를 묻습니다.

나이가 많은 강아지가 먼저 엉덩이 냄새를 맡을 수 있습니다.

상대 강아지에게 얼굴이 향하지 않도록 강아지를 꽉 붙잡습니다.

강아지가 버둥거려도 강하게 지시하거나 혼내는 것은 금지! 다정하게 말을 걸어 붙잡아 자제시키는 것이 중요합니다.

괜찮아.

강아지가 버둥거려도 혼내지 말고 '괜찮아' 하고 자제시킵니다.

강아지들 세계에서 눈과 눈이 마주치는 것은 적대시하는 것이므로 처음에 얼굴을 가까이 하지 않도록 주의합니다!

잠시(수십 초) 뒤 나이가 많은 강아지가 코를 떼면 인사는 종료됩니다. 이번에는 어린 강아지가 나이가 많은 강아지의 엉덩이 냄새를 맡을 수 있습니다.

킁킁

뭉치야
무슨 생각해?

2020. 4. 3. 초 판 1쇄 인쇄
2020. 4. 10. 초 판 1쇄 발행

지은이 | 미우라 켄타
그림 | 요코 요코
원작 협력 | 구로사키 나오미
감역 | 태주호
번역 | 이형석
펴낸이 | 이종춘
펴낸곳 | **BM** (주)도서출판 **성안당**

주소 | 04032 서울시 마포구 양화로 127 첨단빌딩 3층(출판기획 R&D 센터)
     | 10881 경기도 파주시 문발로 112 출판문화정보산업단지(제작 및 물류)

전화 | 02) 3142-0036
     | 031) 950-6300
팩스 | 031) 955-0510
등록 | 1973. 2. 1. 제406-2005-000046호
출판사 홈페이지 | www.cyber.co.kr
ISBN | 978-89-315-8926-9 (13490)
정가 | 12,800원

이 책을 만든 사람들
기획 | 최옥현
진행 | 김해영
교정 · 교열 | 김희원, 김정준
본문 디자인 | 김인환
표지 디자인 | 박원석
홍보 | 김계향, 유미나
국제부 | 이선민, 조혜란, 김혜숙
마케팅 | 구본철, 차정욱, 나진호, 이동후, 강호묵
제작 | 김유석

www.cyber.co.kr
★★★
성안당 Web 사이트

■ **도서 A/S 안내**

성안당에서 발행하는 모든 도서는 저자와 출판사, 그리고 독자가 함께 만들어 나갑니다.
좋은 책을 펴내기 위해 많은 노력을 기울이고 있습니다. 혹시라도 내용상의 오류나 오탈자 등이
발견되면 **"좋은 책은 나라의 보배"**로서 우리 모두가 함께 만들어 간다는 마음으로 연락주시기
바랍니다. 수정 보완하여 더 나은 책이 되도록 최선을 다하겠습니다.
성안당은 늘 독자 여러분들의 소중한 의견을 기다리고 있습니다. 좋은 의견을 보내주시는 분께는
성안당 쇼핑몰의 포인트(3,000포인트)를 적립해 드립니다.
잘못 만들어진 책이나 부록 등이 파손된 경우에는 교환해 드립니다.